BEI GRIN MACHT SICH IHR WISSEN BEZAHLT

AF149154

- Wir veröffentlichen Ihre Hausarbeit,
  Bachelor- und Masterarbeit

- Ihr eigenes eBook und Buch -
  weltweit in allen wichtigen Shops

- Verdienen Sie an jedem Verkauf

Jetzt bei www.GRIN.com hochladen und kostenlos publizieren

G R I N :)

Frank Schmidt

'Moskwa Citi' und Gentrification im postsowjetischen Moskau

GRIN Verlag

Bibliografische Information der Deutschen Nationalbibliothek:

Die Deutsche Bibliothek verzeichnet diese Publikation in der Deutschen National-
bibliografie; detaillierte bibliografische Daten sind im Internet über http://dnb.d-
nb.de/ abrufbar.

Impressum:

Copyright © 2010 GRIN Verlag GmbH
Druck und Bindung: Books on Demand GmbH, Norderstedt Germany
ISBN: 978-3-656-28341-6

Dieses Buch bei GRIN:

http://www.grin.com/de/e-book/202174/moskwa-citi-und-gentrification-im-postso-
wjetischen-moskau

GRIN - Your knowledge has value

Der GRIN Verlag publiziert seit 1998 wissenschaftliche Arbeiten von Studenten, Hochschullehrern und anderen Akademikern als eBook und gedrucktes Buch. Die Verlagswebsite www.grin.com ist die ideale Plattform zur Veröffentlichung von Hausarbeiten, Abschlussarbeiten, wissenschaftlichen Aufsätzen, Dissertationen und Fachbüchern.

Besuchen Sie uns im Internet:

http://www.grin.com/

http://www.facebook.com/grincom

http://www.twitter.com/grin_com

Inhaltsverzeichnis

1. Einleitung

Die Stadt mit dem Beispiel Moskaus als Forschungsgegenstand zur Untersuchung soziologischer Phänomene ist deshalb besonders interessant, weil sich hier die Strukturen der Gesellschaft am deutlichsten in räumlichen Anordnungen manifestieren [Löw/Steets/Stötzer 2008: 9]. Der Fokus dieser Arbeit liegt auf dem Vergleich mit der sozialistischen Zeit und die wirtschaftliche Transformation bildet den kausalen Mittelpunkt. Nichtsdestotrotz wird sich zeigen, dass Merkmale lokaler Urbanisierungsprozesse wie der Gentrification auch als globales Phänomen im globalen Kontext, dass heißt in Relation zu Städten in anderen Teilen der Welt untersucht werden müssen [Gdaniec 2005: 55f]. Für diese Arbeit bedeutet das im Besonderen, dass bei der Betrachtung der Prozesse in Moskau auch der Blick dafür bewahrt werden soll inwiefern sich die Moskauer Prozesse von ähnlichen Vorgängen in den letzten Jahren in Westeuropa und dem Anglo-amerikanischen Raum unterscheiden. Am Fallbeispiel von „Moskwa-Siti" soll aufgezeigt werden, in wieweit sich diese Prozesse auf weltweiter Ebene in ihren Erscheinungsformen und Ursachen ähneln und selbstverständlich auch unterscheiden.

Um die Basis für die Entwicklung der Gentrification hintergründig zu verstehen, ist es unerlässlich die verschiedensten Transformationsprozesse die in der Stadt in den letzten Jahren seit dem Zusammenbruch der UdSSR stattgefunden haben zu begreifen. Deshalb wird diese Arbeit zunächst einen Überblick über Eckdaten der Stadt Moskau und einiger ihrer Facetten schaffen, mit dem Ziel ein Bild von Moskau heute und im historischen Kontext und Kontrast zu erhalten um die späteren Ausführungen vor diesem Hintergrund einordnen zu können. Eine tiefgründigere, zwar potentiell aufschlussreiche und sicherlich auch interessante Übersicht über die Moskauer Geschichte oder die verwaltungspolitische Gliederung würde leider den Rahmen dieser Arbeit sprengen. Anschließend wird der Versuch einer Einführung zum Begriff Gentrification gewagt um die Konzepte dann mit der Vorstellung des Beispiels „Moskwa Siti" zu illustrieren.

2. Moskau

2.1. Moskau Heute

Moskau, von Lew Tolstoi die „Heilige Mutter" der Russen genannt, ist in vielerlei Hinsicht das Zentrum des heutigen Russlands. Als Hauptstadt mit rund 14,2 Millionen Einwohnern ist sie nicht nur die mit Abstand größte Stadt des Landes sondern eine der größten Städte Europas. Moskau ist das politische Zentrum des zentralistischen Russlands, Sitz des Parlaments und Verwaltungsapparats und der meisten international agierenden Unternehmen Russlands [Borowski/Grünewald 2005, 15]. Nicht zuletzt als Konsequenz dessen kann die Stadt auch besonders als wirtschaftlicher Mittelpunkt bezeichnet werden. Bei dem höchsten Lohnniveau des Landes und fast Vollbeschäftigung werden rund 20 Prozent des gesamten Russischen Bruttoinlandsproduktes und rund 17 Prozent des industriellen Produktion allein hier erwirtschaftet [Shaw 1999, 188]. Die Stadt ist der kulturelle, politische und wirtschaftliche Mittelpunkt des Staates und vereint in die Vielfältigkeit Russlands in sich. Heute wie auch historisch betrachtet, stellt Moskau eine Art Magnet für Menschen aus der ganzen Föderation und den umliegenden Ländern der ehemaligen Sowjetunion dar. Bereits 1939 wurden vom Kreml restriktive Zuzugsbedingungen eingeführt um dem Strom der zuwandernden auf der Suche nach höheren Löhnen und besseren Lebensstandards Herr zu werden. Bis heute ist es für viele Menschen aus unterschiedlichen Gründen ein Privileg geblieben sich in Moskau legal niederlassen zu können.

Der Transformationsprozess den die Stadt in den letzten Jahren durchlaufen hat wird besonders deutlich wenn der oben geschilderten Status Quo vor dem Hintergrund der Situation Moskaus vor gut 17 Jahren betrachtet wird. Vor dem Dezember 1991 war Moskau die Hauptstadt der rund 70 Jahre lang bestehenden Sowjetunion, einer Supermacht und eines der Machtzentren der bipolaren Weltordnung des Kalten Krieges. Dementsprechend viel Aufmerksamkeit wurde der Stadt in diesem Zeitraum in jederlei Hinsicht zuteil. Nach der Auflösung der UdSSR änderte sich besonders für Moskau die Situation dramatisch. Mit der Sowjetunion brachen auch die Moskauer Wirtschaft und viele der ansässigen Unternehmen zusammen. Die hohe Verschuldung des Staates

machte sich hier in einem besonders drastischen Kontrast bemerkbar. Für die Bewohner Moskaus war das alte sowjetische System jedoch offensichtlich noch in den meisten Sphären des Lebens spürbar [Gdaniec 2005: 188]. Auf dem Weg zu einer moderneren Großstadt etablierte sich das neue System nur langsam und die mit ihm verbundenen Vorteile waren nicht für alle gleich nutzbar. Nur wenige Unternehmer hatten sich schon in den vorhergehenden Jahren unter den Entwicklungen Michail Gorbatschows Politik der Perestroika auf die sich ändernden Handlungsbedingungen einzustellen gewusst [Borowski/Grünewald 2005, 20]. Aus ihren Reihen kamen diejenigen, die wenig später im russischen Volksmund „Swetskije ljudi", „Menschen im Licht", oder auch „Die Neuen Russen" genannt wurden.

Auch heute besitzt, wie in den meisten Teilen der Welt, ein kleiner Teil der Moskauer Bevölkerung einen Großteil des Geldes. Diese Entwicklung macht den Zusammenbruch der verhältnismäßig homogenen Sozialstruktur der ehemaligen Sowjetunion deutlich [Borowski/Grünewald 2005, 18]. Obwohl sicher noch ein enormer Teil der Moskauer Einkommen in der Schattenwirtschaft verdient wird, liegt das Durchschnittseinkommen in Moskau mit ca. 400€ über dem Landesschnitt. Mittlerweile verdienen immerhin ca. 20 Prozent der Bevölkerung mehr als 900€ im Monat und bilden eine gehobene Mittelschicht ähnlich europäischer Maßstäbe heraus [Borowski/Grünewald 2005: 17, 19]. Solche politischen und ökonomischen Transformationsprozesse sind selbstverständlich nicht spezifisch für Moskau zu sehen, sondern bilden auch in Nordamerika und Westeuropa die Wurzel für Prozesse wie der Gentrification [Gdaniec 2005: 56].

2.2. Moskau als sozialistische Stadt

Die Darstellung Moskaus als sozialistische Stadt soll ein weiterer Schritt in Richtung einer differenzierteren Betrachtung der Stadt sein, besonders im Vergleich mit nordamerikanischen und westeuropäischen urbanen Räumen. Die städtebaulichen Visionen und Planungen sozialistischer Staaten wie der Sowjetunion haben die Stadtplanung und so die urbane Struktur sehr viel stärker beeinflusst als es in westeuropäischen Nationen der Fall war [Löw/Steets/Stötzer 2008: 102]. Diese Einflussnahme beginnt mit der Zielformulierung, der Mitformung, das heißt sozialer und räumlicher Organisation, einer kommunistischen

3

Gesellschaft und der einhergehenden Lebensweisen durch die Stadtplanung und den urbanen Raum [Löw/Steets/Stötzer 2008: 102 und Gradow 1971]. Diese auf Karl Marx zurückgehende Vorstellung der Einbindung von Individuen in eine kollektive Gesellschaft hat unter anderem das Verschwinden der Familie als kleinste wirtschaftliche Einheit und damit einer andere Einstufung der Hauswirtschaft als gesellschaftlichem Zweig zur Folge [u.a. Löw/Steets/Stötzer 2008: 103]. Die resultierenden mehr oder weniger radikalen Utopien städtischen Raumes haben sich beispielsweise in Form von Gemeinschaftswohnungen, „Kommunalkas" [Gdaniec 2005] in der Erscheinung Moskaus erhalten und die Gegensätze zu „westlichen" Städten geprägt.

2.3. Moskau als „Global City"

In der Diskussion um konvergente und divergente Prozesse in urbanen Räumen, ist das Modell der „Global Cities" ein zentraler Punkt mit dem im Folgenden versucht werden soll Moskau „als Teil eines weltumspannenden Systems konkurrierender Standortzentren" einzuordnen[Löw/Steets/Stötzer 2008: 112]. Der Grad und die Art und Weise in der sich die Globalisierung in einer Stadt manifestiert ist abhängig von ihren ökonomischen und politischen Einflussmöglichkeiten. Diese charakterisieren sich beispielsweise durch eine hohe Einwohnerzahl (als Mega City gilt nach UN-Angaben eine Stadt ab 7 Millionen Einwohnern), wichtigen international tätigen Organisationen, industrielle Produktionsstätten und bedeutende infrastrukturelle sowie finanzwirtschaftliche Umschlagplätze[u.a. Löw/Steets/Stötzer 2008: 114]. Auch wenn nach diesen Kriterien Moskau nicht in denselben Rang wie Tokyo, New York oder London eingestuft werden kann [Gdaniec 2005: 39] ist zu Bemerken, dass das „Global City"-Konzept den Fokus auf die Untersuchung der Beziehungen zwischen Städten auf weltweit ähnlichen Hierarchieebenen legt [Löw/Steets/Stötzer 2008: 112]. Die für Moskau heute im Gegensatz zum Status zu Zeiten der Sowjetunion sehr viel Bedeutenderen nationalen und regionalen Bezüge werden in diesem Konzept naturgemäß weitestgehend außer acht gelassen.

3. Gentrification

3.1. Begriffserläuterung

Gentrification ist eines der dominierenden und populärsten, gleichzeitig aber auch umstrittensten und meistdiskutierten Themen der Stadtsoziologie [Friedrichs/Kecskes 1996, Einl.]. Obwohl bestimmte Veränderungsprozesse im Rahmen der Stadtentwicklung schon seit 1960er Jahren mit dem Begriff Gentrification beschrieben wurden, gibt es bis heute ein weitreichendes Spektrum der Begriffsbestimmungen [Glatter 2007: 6]. Glatter [2007] erläutert die grundlegenden Unterschiede der zentralen Ansätze. Solitäre Definitionsansätze grenzen Gentrification von anderen Prozessen der Stadtteilentwicklung ab, indem sie sich im Kern auf das Merkmal des sozialen Austausches der Bewohner beschränken. Daraus entsteht der Vorteil, dass auch ein Austausch der nicht mit einer Sanierung der Bausubstanz einhergeht als Gentrification bezeichnet werden kann. Nachteilig ist auf der anderen Seite allerdings die Beschränkung der Definition auf bewohnte Gebiete; Quartiere die bis dato nicht als Wohngebiete genutzt wurden werden nicht berücksichtig. In die holistischen Definitionsansätze hingegen werden mehrere Prozesse einbezogen, zum Beispiel bauliche und infrastrukturelle Neuerungen sowie kultureller und symbolischer Wandel [Friedrichs 1996: 14]. Daraus entsteht der Nachteil, dass alle diese Prozesse notwendige Kriterien der Gentrification gesehen werden. Drittens nennt Glatter die dualen Definitionen als die am häufigsten verwendeten Ansätze zwischen den beiden Vorgängern, die allerdings den einengenden Nachteil der zwingenden baulichen Erneuerung mit sich bringen. Es sollte erwähnt sein, dass mit dem Begriff Gentrification keinerlei wertende Konnotation einhergeht, auch wenn einige der verwendeten Beschreibungen wie „Aufwertung" diesen Eindruck hervorrufen könnten.

Die für diese Arbeit wenigstens vorübergehend sinnvollste Definition ist die Bezeichnung der Gentrification als „Zuzug statushöherer Bevölkerungsgruppen in Bestandsquartiere" [Glatter 2007: 9]. Zum Einen implementiert dieser Ansatz den Zuzug, nicht zwangsläufig durch Verdrängung, von mit sozioökonomischen und soziokulturellen Maßstäben wie Einkommen oder Bildungsgrad als statushöher eingestuften Bevölkerungsgruppen. Zum Anderen beinhaltet sie die Auffassung,

dass Gentrification ausschließlich in Räumen im vorheriger Nutzung und Bebauung stattfinden kann. Diese Räume, so Glatter weiter, müssen nicht zwangsläufig Wohnquartiere sein sondern können im Prinzip jegliche Art der Bebauung, von Produktionshallen bis zu ehemaligen Militärgeländen aufweisen. Ein grundlegendes Problem der Erklärung der Gentrification liegt in der Undeutlichkeit darüber, welche Sachverhalte überhaupt erklärt werden [Friedrichs 1997: 15]. Daher liegen, auch besonders im Hinblick auf die dargelegten Nachteile der holistischen Definitionsansätze und den Rahmen dieser Arbeit, die Vorteile der obigen Definition und der in ihr enthaltenden Kernpunkte in der Reduktion auf das Notwendige.

3.2. Moskauer Gentrification

Obwohl das Phänomen der Gentrfication inzwischen sehr breit gefächert betrachtet und auch nicht mehr exklusiv auf urbane Räume angewandt wird, ist es aber dennoch vor allem mit Prozessen der anglo-amerikanischen und europäischen Welt assoziiert [Glatter 2007, Gdaniec 2005: 55]. Das spätere Fallbeispiel wird deutlich machen wieso eine klare Differenzierung der Prozesse von entscheidender Bedeutung ist.

Nach Ansicht von Glatter [2007: 9] bewegt sich Gentrification, definitorisch wie faktisch, zum Teil sehr nah an anderen Erneuerungsprozessen wie der sozialen Stadtteilentwicklung und insbesondere der Flächensanierung. Diese Form der Sanierung charakterisiert er in erster Linie mit großflächigem Abriss, ausschließlich Neubauten, fehlende Sozialstrukturen, initiative durch außenstehende Investoren und einen schnellen Prozessablauf. Dieser Klassifizierung mit der deutlichen Unterscheidung zwischen Stadterneuerung und Gentrification in der Stadtforschung [Holm 2006: 63] steht die Abgrenzung der Gentrification wie sie in Moskau vorhanden ist, von anderen ähnlichen Phänomenen gegenüber. Besonders Gdaniec [2005] weist auf die deutlichen Unterschiede zwischen dem klassischen, in Anwendung auf westliche Städte konzipierten und mit dem Phasenmodell beschreibbaren Prozess der Gentrification und der in Moskau zu beobachtenden Entwicklung hin. Um diese Unterschiede deutlich zu machen soll noch einmal in Kürze das Phasenmodell des

Invasions-Sukzessions-Zyklus mit Fokus auf den Bevölkerungsaustausch wie von Friedrichs [1996: 16ff.] beschrieben eingegangen werden.

Die Hypothese des Invasions-Sukzessions-Zyklus ist bereits seit einigen Jahrzehnten auf stadtsoziologische Prozesse angewandte Theorie die sich in unterschiedlicher Form empirisch Bewährt hat [Friedrichs 1996:16]. Immer geht es darum, dass eine Gruppe B in das Wohnquartier einer Gruppe A eindringt, deren Wohnfläche bezieht und so Schrittweise die Mehrheit der Bewohner ausmacht. Für die Gentrificationforschung wurde das Modell erst Ende der 1970er Jahre aufgegriffen und leicht modifiziert. Es wird von zwei nacheinander eindringenden Gruppen ausgegangen die immer jeweils zwangsläufig eine statushöhere Gesellschaftsgruppe darstellen als ihr Vorgänger. In diesem doppelten Invasions-Sukzessions-Zyklus treten zunächst die sogenannten „Pioniere" auf verdrängen einen Teil der alteingesessenen Anwohner. Diese „symbolischen" Gentrifizierer, Menschen die ein relative geringes Einkommen haben, also nicht zur Oberschicht gehören, aber auch nicht im ökonomischen Sinne zur Arbeiterklasse gezählt werden können, oftmals mit einem alternativen, künstlerischen Lebensstil und einer eigenen Freizeit- und Sozialkultur in Verbindung gebracht [Gdaniec 2005: 56f]. Darauf folgen in dem Zyklus, interessiert an dem durch die Pioniere geschaffenen „Ambiente", der Altagspraxis der Pioniere, die eigentlichen Gentrifizierer. Diese Gruppe verfügt meist ein über ein höheres Einkommen als die Vorgänger und verdrängt so zu einem gewissen Teil beide der vorhergehenden Gruppen [Friedrichs 1996: 16]. Wie im obigen Abschnitt beschrieben geht mit diesem Zyklus häufig, aber keineswegs zwangsläufig, eine Sanierung oder sonstige Erneuerung der Bausubstanz einher. Obwohl diese spezielle Variante des Modells einige Grundlegende Probleme wie die eindeutige empirische Prüfung und die Definition der beteiligten Gruppen mit sich bringt [Friedrichs 1996], ist es weit verbreitet und erklärt die grundlegenden Prozesse der Gentrification relativ anschaulich.

Diese Form der Gentrification spielt in Moskau aus Unterschiedlichen Gründen eine untergeordnete Rolle. Die meisten der Moskauer Gentrifizierer gehören entweder zu den beschriebenen sehr wohlhabenden „Neuen Russen" oder zur neuen gehobenen Moskauer Mittelklasse. Die beschriebenen Pioniere der Gentrification fehlen in Moskau fast gänzlich. Die eingeschränkten Optionen

für junge Menschen überhaupt alternative Lebensstile zu verfolgen liegen zum einen an der aus finanziellen Gründen eingeschränkten Freizügigkeit und an der noch immer geringen Toleranz für alternative Lebensstile in der vorwiegend konservativen Russischen Kultur [Gdaniec 2005: 58]. Gdaniec weißt weiter auf die Verbindung der Gentrification in westlichen Städten mit einer speziellen Konsumkultur als Teil des Lebens und der individuellen Freizeitgestaltung hin. Eine solche Konsumkultur war im öffentlichen Leben zu Zeiten der Sowjetunion praktisch nicht existent und etabliert sich erst langsam seit der Jahrtausendwende. „Wo man in Moksau von Gentrifizierung sprechen kann, sind Wohnungen und Büros renoviert oder neu gebaut worden, in die Bewohner mit (relativ) hohem Einkommen gezogen sind." [Gdaniec 2005: 56].

4. „Moskwa-Siti"

Das Projekt „Moskwa-Siti" macht wie kaum ein anderes deutlich, wie sehr Moskau eine Metropole im Wandel und speziell in Russland ein besonderes Phänomen ist. Das Areal soll ein neues Finanzzentrum, das „russische Manhattan", beinhalten dessen Milliarden Euro teuren Wolkenkratzern den höchsten der Erde Konkurrenz machen. In vielerlei Hinsicht symbolisiert „Moskwa Siti" die sich verfestigenden Entwicklungstendenzen und die zum Teil widersprüchlichen Alltagswelt der Stadt seit dem Zusammenbruch der UdSSR. Diese Konstruktion und Rekonstruktion des urbanen Raumes reflektiert das neue System Russlands und die Resultate seiner postindustriellen Gesellschaft.

„Moskwa-Siti" oder alternativ "Moscow International Business Center" ist ein sich zurzeit noch größtenteils im Bau befindliches Großprojekt auf einer ca. ein Quadratkilometer großen Fläche im Stadtteil Presnensky, rund fünf Kilometer vom Kreml entfernt. Als Stadtteil des Zentrumsbezirkes am Ufer der Moskwa bietet Presnensky in erster Linie den Vorteil der sehr guten infrastrukturellen Anbindung, besonders auch durch die Nähe zu einer der Ringautobahnen. Als das Projekt 1992 in Auftrag gegeben und von der Stadtverwaltung genehmigt wurde war das Areal als Baugrund neben den damals noch relativ niedrigen Grundstückspreisen besonders geeignet weil keine historisch bedeutenden Gebäude vorhanden waren. Da Presnensky traditionell ein relativ dicht besiedeltes Arbeiterviertel mit

örtlicher industrieller Produktion war, wurde es von den städtebaulichen Maßnahmen in Moskau zur Sowjetzeit vernachlässigt, die bis in die 1970er Jahre, zum Beispiel mit dem „White House Of Russia" auf den Gartenring beschränkt blieben. Die genannten Vorteile des Baugrundes lassen auf die Ziele der „Moskwa-City AG", dem Pächter und Durchführer des Projektes schließen. Während es dem Vorhaben durch die Wirtschaftskrise in den 1990er Jahren anfangs besonders auch an Investoren mangelte, wurde stieg die Nachfrage nach hochwertigen Wohn- und Gewerbeflächen nach dem Jahr 2000 stark an.

In den ungefähr 17 Hauptgebäuden, die Teil von „Moskwa-Siti" sind, werden mehrere hunderttausend Quadratmeter Wohnraum und Entertainment geplant oder sind bereits entstanden. Diese Intention besonders hochwertige Immobilien zu Konstruieren verdeutlicht, dass im Fall von Moskwa-Siti auch nicht von der durch Lees [2008] beschriebenen Super-Gentrification, bei der eine Mittelschicht durch eine höhere Schicht verdrängt, wird gesprochen werden kann. Im Verlauf der Prozesse die im zukünftigen „Moskwa-Siti" stattfinden wird ein komplett neues Quartier entwickelt. Wie in Abschnitt 3.1. erläutert sind Veränderungen der Bausubstanz oftmals Teil der Gentrification bei der sich die bauliche Aufwertung jedoch nicht nur auf Sanierungsmaßnahmen beschränkt sondern auch ganze Neubauprojekte umfassen kann [Glatter 2007: 8]. Obwohl „Moskwa-Siti" sicherlich ein extremes Beispiel ist und offensichtlich keine Gentrification im Sinne eines Invasions-Sukzessions-Zyklus oder ähnlichen Konzeptes stattfindet, ziehen dennoch statushöhere Bevölkerungsgruppen in ein Quartier.

5. Schlussfolgerung

Die Frage, inwiefern im Fall von „Moskwa-Siti" von Gentrifizierung gesprochen werden kann, lässt sich in einem Wort nicht hinreichend beantworten. Das Beispiel hat abschließend gezeigt, dass Gentrification keinen Verlauf hat der sich mit einheitlichen Mustern beschreiben lässt. Vielmehr ist deutlich geworden welche massiven und grundlegenden Unterschiede es zwischen den zahlreichen Hypothesen und der daraus resultierenden Zuordnung von Prozessen zur Gentrification oder eben einer anderen Begrifflichkeit gibt. Gleichzeitig hat das

Beispiel aber auch überraschende Parallelen sichtbar gemacht und so gezeigt wie wichtig es ist im Verlauf der Diskussion um Stadtsoziologische Phänomene die große Vielfalt der Untersuchten Objekte und Entwicklungen anzuerkennen.

Literaturverzeichnis

Borowski, Birgit / Grünewald, Margit. *Moskau.* Ostfildern: Baedeker, 2005.

Brade, Isolde / Sühnemann, Arne / Anz, Michael. *Russland. Aktuelle Probleme und Tendenzen.* Leipzig: Selbstverl. Leibniz-Inst. für Länderkunde, 2004.

Ebert, Johannes (et. Al.) *Chronik des 20. Jahrhunderts.* Gütersloh: Bertelsmann Lexikon Verlag, 2000

Friedrichs, Jürgen / Kecskes, Robert [Hrsg.] *Gentrification. Theorie und Forschungsergebnisse.* Opladen: Leske + Budrich, 1996

Glatter, Jan. *Gentrification in Ostdeutschland.* Dresden: Technische Universität, 2007.

Gdaniec, Cordula. *Kommunalka und Penthouse. Stadt und Stadtgesellschaft im postsowjetischen Moskau.* Münster: Lit-Verlag, 2005

Holm, Andrej. *Die Restrukturierung des Raumes.* Bielefeld: transcript Verlag, 2006.

Lees, Loretta / Slater, Tom / Wyly, Elvin. *Gentrification.* New York: Routledge, 2008.

Löw, Martina., Steets, Silke. und Stoetzer, Sergej. *Einführung in die Stadt- und Raumsoziologie.* Opladen & Farmington Hills: Verlag Barbara Budrich, 2008

Shaw, Dennis. *Russia in the Modern World.* Oxford [u.a.]: Blackwell, 1999.

Elektronische Quellen

Priestl, Thomas / Naefe, Rainer. „Gentrification und Wohnmilieus", 2005. http://www.uni-kassel.de/fb13/su/pdf/ (24.02.2009).

Subkow, Wassili. „Die ausländische Geschäftswelt in Moskau", 2006. http://russland.ru/mos0010/morenews.php?iditem=573 (24.02.2009).

Unbekannt. „Moskau: Wohnungspreise schlagen alle Rekorde", 2008. http://de.rian.ru/business/20080221/99786068.html (24.02.2009).

Verschiedene Autoren. „MIBC ‚Moscow City'", 2007. http://eng.citynext.ru/moscow-city.asp (24.2.2009)